BEI GRIN MACHT SICH IHR WISSEN BEZAHLT

- Wir veröffentlichen Ihre Hausarbeit, Bachelor- und Masterarbeit

- Ihr eigenes eBook und Buch - weltweit in allen wichtigen Shops

- Verdienen Sie an jedem Verkauf

Jetzt bei www.GRIN.com hochladen und kostenlos publizieren

Bibliografische Information der Deutschen Nationalbibliothek:

Die Deutsche Bibliothek verzeichnet diese Publikation in der Deutschen National-
bibliografie; detaillierte bibliografische Daten sind im Internet über http://dnb.d-
nb.de/ abrufbar.

Impressum:

Copyright © 2007 GRIN Verlag, Open Publishing GmbH
Druck und Bindung: Books on Demand GmbH, Norderstedt Germany
ISBN: 9783668430822

Dieses Buch bei GRIN:

http://www.grin.com/de/e-book/357867/betrieblicher-arbeits-und-umweltschutz-
aufgaben-aus-den-bereichen-rechtsgrundlagen

Richard Kurmann

Betrieblicher Arbeits- und Umweltschutz. Aufgaben aus den Bereichen Rechtsgrundlagen und Umweltmanagement sowie Gefahrstoffe und Betriebsmittel

Ein Kompendium

GRIN Verlag

Thema:

Betrieblicher Arbeits- und Umweltschutz

ein Kompendium mit Aufgaben aus den Bereichen Rechtsgrundlagen und

Umweltmanagement sowie Gefahrstoffe und Betriebsmittel

Aufgaben und Lösungen

im Rahmen des Fernstudiums Industrial Engineering

vorgelegt von: Richard Kurmann

Abgabetermin: 2007-04-01

Inhaltsverzeichnis

Abkürzungsverzeichnis...III

Symbolverzeichnis...IV

Tabellenverzeichnis V

1 Modul Betrieblicher Arbeits- und Umweltschutz...6

  1.1 Einsendeaufgabe 1 6

    1.1.1 Teil A Rechtsgrundlagen 6

      1.1.1.1 Aufgabe 1...6

      1.1.1.2 Aufgabe 2...6

      1.1.1.3 Aufgabe 3...6

    1.1.2 Teil B: Ökoaudit und Umweltmanagement..6

      1.1.2.1 Aufgabe 4...6

      1.1.2.2 Aufgabe 5...6

      1.1.2.3 Aufgabe 6...7

      1.1.2.4 Aufgabe 7...7

      1.1.2.5 Aufgabe 8...7

  1.2 Lösungen...7

    1.2.1 Teil A Rechtsgrundlagen 7

      1.2.1.1 Lösung Aufgabe 1..7

      1.2.1.2 Lösung Aufgabe 2..8

      1.2.1.3 Lösung Aufgabe 3..8

    1.2.2 Teil B Ökoaudit und Umweltmanagement 8

      1.2.2.1 Lösung Aufgabe 4..8

      1.2.2.2 Lösung Aufgabe 5..9

      1.2.2.3 Lösung Aufgabe 6..9

      1.2.2.4 Lösung Aufgabe 7..9

      1.2.2.5 Lösung Aufgabe 8..9

  2.1 Einsendeaufgabe 2 10

    2.1.1 Gefahrstoffe / Betriebsmittel 10

      2.1.1.1 Aufgabe 1...10

      2.1.1.2 Aufgabe 2...10

      2.1.1.3 Aufgabe 3...12

    2.1.2 Gefahrstoffe / Betriebsmittel 12

      2.1.2.1 Lösung Aufgabe 1..12

      2.1.2.2 Lösung Aufgabe 2..18

      2.1.2.3 Lösung Aufgabe 3..21

3 Literaturverzeichnis 24

Abkürzungsverzeichnis

Abb.	Abbildung
APF	Aerosolpenetrationsfaktor
Aufl.	Auflage
BAT	Biologischer Arbeitsstoff-Toleranzwert
BI	Bewertungsindex
BImSchG	Bundes-Immissionsschutzgesetz
BImSchV	Bundes-Immissionsschutzverordnung
BImSchVwV	Bundes-Immissionsschutz-Verwaltungsvorschrift
ChemG	Chemikaliengesetz
d.h.	das heißt
EBW	Expositionsbeurteilungswert
EG	Europäische Gemeinschaft
EU	Europäische Union
EWG	Europäische Wirtschaftsgemeinschaft
EWG-RL	Europäische Wirtschaftgemeinschafts-Richtlinie
GefStoffG	Gefahrstoffgesetz
GefStoffV	Gefahrstoffverordnung
ggf.	gegebenenfalls
HDI/HMDI	Hexamethylene Diisocyanate
Hrsg.	Herausgeber
I	Schadstoffindex
inkl.	Inklusive
ISO	Internationale Organisation für Normung
KMF	Künstliche Mineralfasern
MAK	Maximale Arbeitsplatz-Konzentration
MDI	Methylendiphenylisocyanate
RL	Richtlinie
TA	Technische Anleitung
TRGS	Technische Regeln für Gefahrstoffe
TRK	Technische Richtkonzentration
Vgl.	vergleiche

Symbolverzeichnis

Symbol	Erläuterung
BI	Bewertungsindex
$BI_{Isoc.}$	Bewertungsindex für die Isocyanat-Gesamtexposition
c	Konzentration
GW	Grenzwert
mg	Milligramm
m^2	Quadratmeter
m^3	Kubikmeter
ppm	Parts per million (Teile pro Million; Millionstel; 10^{-6})
<	kleiner als
>	größer als
Σ	Summe

Tabellenverzeichnis

Tabelle 1   Ermittlung der Gefahrstoffe. 11
Tabelle 2   Bewertungsindices der einzelnen Gefahrstoffe. 19

1   Modul Betrieblicher Arbeits- und Umweltschutz

1.1   Einsendeaufgabe 1

1.1.1   Teil A Rechtsgrundlagen

Für die Errichtung und den Betrieb genehmigungsbedürftiger Anlagen (im Sinne des Bundes- Immissionsschutzgesetzes) sind zahlreiche Vorschriften zu beachten.

1.1.1.1   Aufgabe 1

Welche Vorschrift enthält eine Aufzählung dieser Anlagengruppe und welche Aspekte zum Genehmigungsverfahren können dieser Vorschrift entnommen werden?

1.1.1.2   Aufgabe 2

Welche Grundpflichten hat eine Betreiber einer genehmigungsbedürftigen Anlage? (Nur kurze Auflistung angeben)

1.1.1.3   Aufgabe 3

Wo wird der Stand der Technik für genehmigungsbedürftige Anlagen konkretisiert und welche Verbindlichkeit haben in diesem Zusammenhang Verwaltungsvorschriften und Verordnungen für Anlagenbetreiber und Genehmigungsbehörden

1.1.2   Teil B: Ökoaudit und Umweltmanagement

1.1.2.1   Aufgabe 4

Bei der Einführung und Umsetzung eines Umweltmanagementsystems ist die Bildung einer Audit- bzw. Projektgruppe sehr ratsam. Wie sieht Ihrer Meinung nach die ideale Besetzung einer solchen Gruppe, beispielsweise in einer Möbelfabrik mit 100 Mitarbeitern, aus?

1.1.2.2   Aufgabe 5

Welche Aufgaben hat ein Umweltmanagementbeauftragter in einem Unternehmen mit einem lebendigen und funktionsfähigen Umweltmanagementsystem?

1.1.2.3 Aufgabe 6

Zur Vorbereitung eines internen oder externen Audits ist ein Auditplan zu erstellen. Was sind die Inhalte eines Auditplanes?

1.1.2.4 Aufgabe 7

Die Unternehmen können ihre Umwelterklärung nach der EG-Verordnung validieren bzw. sich nach ISO 14001 zertifizieren lassen. Was sind die Unterschiede zwischen „Validierung" und „Zertifizierung"?

1.1.2.5 Aufgabe 8

Ein Umweltgutachter darf nicht ein Unternehmen validieren bzw. zertifizieren, bei dem er zuvor selbst als Berater bei der Einführung und Umsetzung des Umweltmanagementsystems mitgewirkt hat. Was spricht Ihrer Ansicht nach für eine solche Trennung von Aufgabenbereichen?

1.2 Lösungen

1.2.1 Teil A Rechtsgrundlagen

1.2.1.1 Lösung Aufgabe 1

Eine Aufzählung der nach §4 BImSchG genehmigungsbedürftigen Anlagengruppen ist im Anhang der Verordnung über genehmigungsbedürftige Anlagen (4.BImSchV) enthalten. Innerhalb der zehn Anlagengruppen (=Branchen) sind die Anlagen fortlaufend nummeriert.

In der 4. BImSchV wird weiterhin festgelegt:
1. Für welche der Anlagen das förmliche Genehmigungsverfahren (§10BImSchG – mit Beteiligung der Öffentlichkeit – Spalte 1 des Anhangs),
2. Für welche der Anlagen das vereinfachte Genehmigungsverfahren (§19BImSchG – ohne Beteiligung der Öffentlichkeit – Spalte 2 des Anhangs),

durchzuführen ist.

1.2.1.2 Lösung Aufgabe 2

Der Betreiber einer genehmigungsbedürftigen Anlage hat sowohl bei der Errichtung als auch während des Betriebes und nach Betriebseinstellung wie folgt Grundpflichten nach §5 des Bundes-Immissionsschutzgesetzes zu erfüllen.

1.2.1.2.1 Grundpflichten nach §5 des Bundes-Immissionsschutzgesetzes:

- Schutzpflicht (§5 Abs. 1 Nr. 1)
- Vorsorgepflicht (§5 Abs. 1 Nr.2)
- Entsorgungspflicht (§5 Abs. 1 Nr.4)
- Wärmenutzungspflicht (§5 Abs. 1 Nr.4)
- Nachsorgepflicht (§5 Abs.3)

1.2.1.3 Lösung Aufgabe 3

Konkretisiert wird der Stand der Technik für genehmigungsbedürftige Anlagen vor allem in der TA Luft (1. BImSchVwV) und des Bundesimmisionsschutzgesetz (BImSchG). Für spezielle Anlagen wie z.B. Großfeuerungs- und Abfallverbrennungsanlagen wird der Stand der Technik weiterhin in der Großfeuerungsanlagen – Verordnung und der Abfallverbrennungsanlagen – Verordnung spezifiziert.

Verordnungen werden meist aufgrund eines Gesetzes erlassen und sind somit für Anlagenbetreiber und Behörden gleichermaßen verbindlich. Verwaltungsvorschriften sind dagegen nur für die Genehmigungsbehörden (Exekutive) verbindlich. Die Verwaltungsvorschriften können aber auch für den Betreiber einer genehmigungsbedürftigen Anlage von Interesse sein. Sie begrenzen zum einen das Ermessen der Behörden, zum anderen geben sie detailliert Auskunft über die Anforderungen der Anlage bei der Errichtung und dem Betrieb.

1.2.2 Teil B Ökoaudit und Umweltmanagement

1.2.2.1 Lösung Aufgabe 4

- Externer Auditor
- Interner Auditor
- Ein bis zwei Mitarbeiter aus den Betriebsabteilungen (wissenspotential der Mitarbeiter nutzen falls Spezialkenntnisse gefordert sind. Dies kann auch zeitlich begrenzt sein)

1.2.2.2 Lösung Aufgabe 5

In einem lebendigen und funktionsfähigen Umweltmanagementsystem hat der Umweltmanagementbeauftragte die Aufgabe die Einhaltung der im Umweltmanagementsystem festgesetzten Ziele zu überwachen.

1.2.2.3 Lösung Aufgabe 6

- Vorbereitung
- Audit
- Nachbereitung

1.2.2.4 Lösung Aufgabe 7

Die ISO 14001 ist eine Norm. Bei Anwendung der Normen wird das Unternehmen sich einem Zertifizierungsverfahren unterziehen, das bei positivem Ergebnis mit Ausfertigung und Übergabe eines Zertifikates abgeschlossen wird.

Bei der EG-Verordnung hingegen handelt es sich um eine Europa-Verordnung (Eintragung ins Standortregister, veröffentlicht im EU-Amtsblatt), welche die einzelnen EU – Staaten in nationales Recht umsetzen. Das EG – System ist keine Zertifizierungsverfahren. Hier wird von einem Gutachter eine Gültigkeitserklärung vorgenommen (Validierung). Somit erhält das Unternehmen auch _kein Zertifikat,_ sondern „nur" die Berichtigung das „Logo" entsprechend der Verordnungsvorgaben zu führen. EG – Verordnung → auf Europa begrenzt.

1.2.2.5 Lösung Aufgabe 8

1.2.2.5.1 Anforderungen an den Umweltgutachter

An den Umweltgutachter werden im Wesentlichen folgende Anforderungen gestellt:

1. Unabhängig (finanziell, kommerziell oder sonstiges)
2. Objektiv (unparteiisch, unbefangen)
3. Integer (zuverlässig, persönlich geeignet)

Hat der Umweltgutachter bei der Einführung und Umsetzung des Umweltmanagementsystems mitgewirkt so kann er bei einer Validierung bzw. Zertifizierung des Umweltmanagementsystems in der Regel die Punkte 1 und 2 nicht erfüllen. Er würde sich in diesem Fall ja quasi selbst kontrollieren. Ein Betriebsfremder Auditor ist objektiver. Daher ist eine solche Trennung der Aufgabenbereiche durchaus sinnvoll.

2.1 Einsendeaufgabe 2

2.1.1 Gefahrstoffe / Betriebsmittel

2.1.1.1 Aufgabe 1

In einem Kfz – Reparaturbetrieb muss nach §16 GefStoffV ermittelt werden, ob Gefahrstoffe im Betrieb vorhanden sind und eingesetzt werden.
Zeigen Sie die Vorgehensweise auf.

a) Nennen Sie die Möglichkeiten, die Ihnen für das Auffinden von Gefahrstoffen im Betrieb zur Verfügung stehen und geben Sie die Unterlagen an, die auf die jeweiligen Grenzwerte, die biologische Wirkungsweise, die Kennzeichnung, die Aufnahme des Gefahrstoffes durch den Körper und auf möglich Schutzmaßnahmen hinweisen.

b) Im §17 GefStoffV ist die allgemeine Schutzpflicht beim Umgang mit Gefahrstoffen angesprochen, die der Arbeitgeber zum Schutz des menschlichen Lebens, der menschlichen Gesundheit und der Umwelt durch entsprechende wirksame Maßnahmen zu erfüllen hat.
Zeigen Sie auf, um welche Maßnahmen es sich handelt, nennen Sie auch Beispiele, wie diese Forderungen in die Praxis umgesetzt werden können.

c) Der §18 GefStoffV beinhaltet eine Überwachungspflicht und zwar dann, wenn das Auftreten eines oder mehrerer gefährlicher Stoffe in der Luft am Arbeitsplatz nicht sicher auszuschließen ist.
Führen Sie aus, durch welche Maßnahmen das Auftreten eines oder mehrerer Gefahrstoffe in der Luft am Arbeitsplatz festzustellen ist.
Legen Sie dar was zu tun ist, wenn Sie festgestellt haben, dass sich Gefahrstoffe in der Luft am Arbeitsplatz befinden und wie Sie eine mögliche Gefährdung feststellen und bewerten können.
Zeigen Sie dies auch an einem Beispiel auf.

d) Im §19 GefStoffV ist die Rangfolge der Schutzmaßnahmen festgeschrieben. Zeigen Sie diese kurz auf und begründen Sie warum Persönliche Schutzausrüstungen erst dann zum Einsatz kommen können, wenn alle anderen Maßnahmen – aus welchen Gründen auch immer – nicht möglich sind.

2.1.1.2 Aufgabe 2

In Ihrem Unternehmen hat die gem. §16 GefStoffV durchgeführte Ermittlung und die gem. §17 GefStoffV vorgenommene Bewertung folgendes ergeben:

Es wurden zunächst folgende Gefahrstoffe ermittelt:

Toluol $C_6H_5CH_3$, MAK-Wert aus TRGS 900/98 $190mg/m^3$	Das als Lösungsmittel eingesetzt und als gesundheitsschädlich eingestuft ist.
Benzol C_6H_6, TRK-Wert aus TRGS 901/98 $8mg/m^3$	Das im Benzin vorhanden ist und als giftig und krebserzeugend eingestuft ist.
Bleioxid Pb_2O_3, MAK-Wert aus TRGS 900/98 $0,1E^x$ $^x0,1E$ = einatembarer Staub (toxisch)	Manchmal auch als Pb_3O_4 vorhanden, wird teilweise noch als Rostschutz verwendet und tritt vor allem beim Entrosten von Fahrzeugen auf. Blei ist als toxischer Stoff eingestuft
Isocyanate, MAK-Werte aus TRGS 900/98 $0,05mg/m^3$	Insbesondere in Form des MDI, also des Diphenylmethan -4,4'diisocyanats, das insbesondere für Ausschäumarbeiten verwendet wird. Z.T. werden HDI/IPD,HDI,HMDI – Isocyanate für Lackierarbeiten verwendet. Es handelt sich um Stoffe, die chemisch – irritativ und toxisch wirken, aber auch allergische Reaktionen hervorrufen können. Im Vordergrund stehen aber akute Reizwirkungen am Atemtrakt. Isocyanate lassen sich chemisch durch die Formel R-N=C=O beschrieben, wobei R für alicyclische, aromatische aber auch heterocyclische Reste stehen kann.

Tabelle 1   Ermittlung der Gefahrstoffe.[1]

In Verbindung mit der vorzunehmenden Bewertung wurden Messungen vorgenommen, die zu folgenden Werten (Schichtmittelwert) führten:

Toluol $100\ mg/m^3$

Benzol $2\ mg/m^3$

Blei $0,04\ mg/m^3$

Isocyanate (MDI) $0,01\ mg/m^3$

Isocyanate (HDI) $0,01\ mg/m^3$

---

[1] Quelle: Aus Aufgabenstellung, Prof. Mayer TFH Berlin

a) Bewerten Sie die Gefahrstoffbelastung in Ihrem Betrieb, entwickeln Sie eine entsprechende Aussage zur möglichen Gefährdung und zeigen Sie praxisgerechte Maßnahmen zur Beseitigung einer möglichen Gefährdung auf.

b) Sind aufgrund der Bewertung arbeitsmedizinische Vorsorgeuntersuchungen erforderlich und für welche Stoffe?

2.1.1.3 Aufgabe 3

a) Zeigen Sie auf, in welchen Bereichen die Stoffe

- Epoxydharze
- Trichlorethylen
- Künstliche Mineralfasern (KMF)

In hohem Maße eingesetzt werden

b) Wann haben sich Mitarbeiter arbeitsmedizinischen Vorsorgeuntersuchungen zu unterziehen? Erläutern Sie, was von Seiten des Sicherheitsingenieurs einer arbeitsmedizinischen Vorsorgeuntersuchung vorauszugehen hat.

c) Ein Mitarbeiter unterzieht sich einer arbeitsmedizinischen Vorsorgeuntersuchung nicht; er beruft sich auf das Grundgesetz und verweigert die Untersuchung. Welche Konsequenzen ergeben sich für den Mitarbeiter und den Unternehmer?

2.1.2 Gefahrstoffe / Betriebsmittel

2.1.2.1 Lösung Aufgabe 1

2.1.2.1.1 Lösung Teil a

Sind keine näheren Erkenntnisse über die im Betrieb eingesetzten Stoffe, Zubereitungen oder Erzeugnisse vorhanden, so kann der Arbeitgeber nach folgenden Möglichkeiten ermitteln, ob es sich hierbei um einen Gefahrstoff handelt (§16 GefStoffV Ermittlungspflicht):

- Überprüfen der Kennzeichnung auf den Verpackungen
- Überprüfen von beigefügten Mitteilungen

- Überprüfen von beigefügtem Sicherheitsdatenblatt (handelt es sich bei einem Stoff, einer Zubereitung oder eines Erzeugnisses um einen Gefahrstoff, so ist der Hersteller oder Inverkehrbringer dieser Stoffe gemäß §14 GefStoffV verpflichtet, spätestens bei der ersten Lieferung des Stoffes ein Sicherheitsdatenblatt kostenlos auszuhändigen).
- Ggf. kann oft auch der Einkauf Auskunft über eingekaufte Stoffe geben.
- Können bei den vorgenannten Möglichkeiten keine ausreichenden Erkenntnisse über einen Stoff gesammelt werden, so sind durch Befragung der Hersteller oder Einführer weitere Auskünfte einzuholen.
  Nach §16 GefStoffV ist der Hersteller oder Einführer dann verpflichtet dem Arbeitgeber auf Verlangen die gefährlichen Inhaltsstoffe oder Gefahrstoffe, sowie die von den Gefahrstoffen ausgehenden Gefahren und die zu ergreifenden Maßnahmen mitzuteilen.

Die Technischen Regeln für Gefahrstoffe (TRGS) geben im allgemeinen und im speziellen Auskunft über den Stand der sicherheitstechnischen, arbeitsmedizinischen, hygienischen sowie arbeitswissenschaftlichen Anforderungen an Gefahrstoffe hinsichtlich Inverkehrbringen und Umgang. Dabei weisen folgende Unterlagen speziell auf nachfolgende Stichpunkte hin:

- ➢ Grenzwerte:
  Für die Expisitonsbeurteilung der Gefahrstoffe gibt es drei wichtige Grenzwerte (MAK-Wert, TRK-Wert, BAT-Wert) diese findet man in folgenden Unterlagen:
  1. MAK- und TRK-Werte = TRGS 900 ggf. mit Berücksichtigung der TRGS 901. (Die TRGS 907 führt separat sensibilisierende Stoffe auf).
  2. BAT-Werte = TRGS 903

- ➢ Kennzeichnung:
  Hinweise auf die Kennzeichnung findet man in der TRGS 200 (Abfälle = TRGS 201) sowie der GefStoffV §§6,7,12,23 den EWG Richtlinien (RL 67/548/EWG) Anhang VI Nr. 9.1.3 und dem Chemikaliengesetz (ChemG) Dritter Abschnitt §§13,14,15,15a.

- ➢ Aufnahme der Gefahrstoffe durch den Körper:
  Der Mensch kann Gefahrstoffe aufnehmen durch
  - Einatmen
  - Verschlucken

• Hautkontakt

Hinweise hierzu erhält man in der TRGS 150 und vor allem in der TRGS 900 bzw. TRGS 905 (dabei bedeutet H= Hautresorptiv, E= Einatembare Fraktion und A= Alveolengängige Fraktion). Weitere Hinweise kann man dem Sicherheitsdatenblatt entnehmen.

➢ Mögliche Schutzmaßnahmen:
Hinweise auf mögliche Schutzmaßnahmen erhält man vor allem aus den S-Sätzen des Sicherheitsdatenblattes (diese sind ebenfalls auf der Verpackung angegeben). Erläuterungen hierzu findet man in den EWG-RL 67/548/EWG Anhang IV. Weitere Hinweise zu Schutzmaßnahmen findet man in der TRGS 500 und der GefStoffV §17.

2.1.2.1.2 Lösung Teil b

Hat der Arbeitgeber gemäß seiner Ermittlungspflicht §16 GefStoffV festgestellt das in seinem Betrieb Gefahrstoffe vorhanden sind, so gibt es eine Rangfolge von Schutzmaßnahmen die der Arbeitgeber einzuhalten hat:

1. Substitution der Gefahrstoffe durch Ersatzstoffe (wenn möglich und zumutbar)
2. Technische Schutzmaßnahmen (§19 GefStoffV)
   - Geschlossene Anlage
   - Absaugung
   - Lüftungsmaßnahmen
   - Anpassung an Fortschritt der Sicherheitstechnik
3. Organisatorische Schutzmaßnahmen
4. Persönliche Schutzmaßnahmen

Zusätzlich gibt es folgende Schutzmaßnahmen
   - Information der Beschäftigten
   - Hygienische Maßnahmen
   - Vorsorgeuntersuchungen
   - Beschäftigungsverbote
   - Erste Hilfe

Können die Gefahrstoffe nicht durch ungefährliche Ersatzstoffe substituiert werden ist es sinnvoll zunächst die Mitarbeiter über die Gefahrstoffe, die von diesen ausgehenden Gefahren, die Schutzmaßnahmen und den richtigen Umgang mit den Gefahrstoffen zu informieren. In der Praxis kann diese Information in Form einer

Schulung nach §20 GefStoffV erfolgen. Diese Schulung sollte von einer Person mit entsprechender Qualifikation und Fachkenntnissen erfolgen (z.B. Unternehmer, Sicherheitsingenieur, Betriebsleiter oder Produktionsleiter). Bei diesen Schulungen kann ebenfalls auf weitere Maßnahmen der Schutzpflicht des Arbeitgebers näher eingegangen werden. Dies sind im Besonderen:

- §22 GefStoffV Hygienemaßnahmen
- §23 GefStoffV Verpackung und Kennzeichnung beim Umgang
- §24 GefStoffV Aufbewahrung, Lagerung
- §25 GefStoffV Besondere Vorschriften für den Umgang mit bestimmten Gefahrstoffen
- §26 GefStoffV Sicherheitstechnik, Maßnahmen bei Betriebsstörungen und Unfällen

Als nächstes ist es wichtig die Informationen der Schulungen zu visualisieren und dem Mitarbeiter zugänglich zu machen. Dies geschieht z.B. durch Erstellung der Betriebsanweisung gemäß §20 GefStoffV und gleichzeitigem Aushang oder Auslage am Arbeitsplatz.

Der Arbeitgeber hat zum Schutz vor Gefährdungen von Mensch und Umwelt Schutzmaßnahmen zu treffen deren Rangfolge gemäß §19 GefStoffV einzuhalten ist. Die Wirksamkeit der Maßnahmen ist gemäß §18 GefStoffV zu überprüfen. Hierzu müssen Messungen am Arbeitsplatz durchgeführt und mittels der Grenzwerte (MAK, TRK, BAT) gemäß Überwachungspflicht §18 GefStoffV beurteilt werden. In der Praxis geschieht dies durch Erstellung einer sogenannten Arbeitsbereichsanalyse gemäß TRGS 402 (siehe auch TRGS 400, TRGS 403, TRGS 420). Die Messungen können von Firmen mit entsprechender Sachkunde und entsprechenden Einrichtungen oder z.B. durch die Berufsgenossenschaften durchgeführt werden.

Vor Aufnahme der Beschäftigung und vor allem beim Überschreiten der Auslöseschwelle von Gefahrstoffen, hat der Arbeitgeber gemäß §28 GefStoffV Vorsorgeuntersuchungen bei den Mitarbeitern durchführen zu lassen. In der Praxis wird diese Untersuchung in der Regel vom Betriebsarzt durchgeführt. Beim Umgang mit krebserzeugenden oder erbgutveränderten Gefahrstoffen sind weitere Maßnahmen gemäß §§35-40 erforderlich.

2.1.2.1.3 Lösung Teil c

Das Auftreten von Gefahrstoffen in der Luft kann durch eine Arbeitsbereichsanalyse gemäß TRGS 402 ermittelt werden. Bei der Arbeitsbereichsanalyse werden

Messungen am Arbeitsplatz durchgeführt. Die Probennahme geschieht dabei Personenbezogen oder auch ortsfest. Die Messwerte müssen repräsentativ für die Exposition der Arbeitnehmer während der Schicht sein. Ist keine ständige Exposition vorhanden, sollte nur während der Expositionszeit gemessen werden.

Werden bei dieser Messung Gefahrstoffe in der Luft am Arbeitsplatz festgestellt, so sind die erhaltenen Messergebnisse zur Bewertung mit den Grenzwerten (MAK, TRK) zu vergleichen. Die tatsächliche Expositionszeit ist dabei einzurechnen.

Nach folgender Rechnung erhält man hierzu den <u>Bewertungsindex</u> (BI):

$$BI = \frac{Messwert\ [\frac{mg}{m^3};ppm]}{Grenzwert\ [\frac{mg}{m^3};ppm]} \tag{1.0}$$

Treten gleichzeitig oder zeitlich aufeinanderfolgend Gefahrstoffe auf, gilt nach TRGS 403 folgende Rechnung:

$$BI = \sum \frac{C_1}{GW_1} + \frac{C_2}{GW_2} + \frac{C_3}{GW_3} + \cdots \frac{C_n}{GW_n} \text{ mit C = Konzentration; GW = Grenzwert} \tag{1.1}$$

Stoffe mit TRK- und MAK- Werten sind dabei getrennt additiv zu bewerten.

Ist der BI > 1, so liegt eine Überschreitung des Grenzwertes vor und es müssen zusätzliche Maßnahmen zum Schutz der Gesundheit eingeleitet werden z.B. technische Maßnahmen zur weiteren Reduzierung der Gefahrstoffkonzentration (besondere Lüftungsmaßnahmen etc.) oder auch organisatorische Maßnahmen. Nach Durchführung der Maßnahme ist eine erneute Messung erforderlich.

Ist der BI < 1 so gibt es folgende Bewertungen der Messwerte:

I.   Der Grenzwert ist dauerhaft sicher eingehalten, wenn BI < 0,1 oder drei aufeinanderfolgende Messwerte mit BI zwischen 0,1 und 0,25 vorliegen oder alternativ eine Dauerüberprüfung der Messwerte gewährleistet ist.

II.   Der Grenzwert ist eingehalten, wenn der geometrische Mittelwert von drei Messungen ergibt BI < 0,5

Ist der Grenzwert nicht dauerhaft sicher einzuhalten, sind Kontrollmessungen in folgenden Abständen notwendig:

Messwert $\leq$	Grenzwert	nach 16 Wochen
Messwert $\leq$	½ Grenzwert	nach 32 Wochen
Messwert $\leq$	¼ Grenzwert	nach 64 Wochen

Liegen drei Messwerte zu unterschiedlichen Zeitpunkten zwischen ¼ und 1/10 Grenzwert, kann aus dem Kontrollmessplan ausgeschieden werden. Die Messergebnisse (Protokolle) und Auswertungen sind aufzuzeichnen.

<u>Beispiel:</u> Bei der Herstellung von IPBC (3-Iod-2-Propargylbutylcarbonat) wird in einem Reaktor Methanol mittels Vakuum aus einem offenem 1000 ltr. Container (IBC) in einen Rührreaktor vorgelegt. Anschließend wird festes Natriumhydroxid über das Mannloch zugegeben. Alle anderen Einsatzstoffe werden aus Vorlagebehältern in den geschlossenen Rührreaktor gegeben. Bei der Arbeitsbereichsanalyse wurden die Proben personenbezogen genommen die dabei ermittelten Schichtmittelwerte zeigen einen Wert von 280,8 mg/m³. Die Kurzzeitwertanforderungen wurden erfüllt. Daraus folgt:

$$BI = \frac{280,8 \ [\frac{mg}{m^3};ppm]}{270,0 \ [\frac{mg}{m^3};ppm]} = 1,04 \tag{1.2}$$

Das bedeutet in diesem Fall liegt eine Überschreitung des Grenzwertes vor und es werden weitere Maßnahmen erforderlich.

Es wurde eine Verbesserung der Absauganlage vorgenommen. Weiterhin wurde das Herstellungsverfahren soweit geändert, dass anstelle von festem Natriumhydroxid nun Natronlauge 45% (flüssig) eingesetzt wird. Dies hat zur Folge, dass die Natronlauge jetzt ebenfalls über einen Vorlagebehälter in den geschlossenen Reaktor gegeben werden kann. Dadurch ist ein Arbeiten am offenen Mannloch nicht mehr erforderlich. Eine erneute Messung ergab einen Messwert von 25,4 mg/m³. Die Kurzzeitwertanforderungen wurden erfüllt. Daraus folgt:

$$BI = \frac{25,4 \ [\frac{mg}{m^3};ppm]}{270,0 \ [\frac{mg}{m^3};ppm]} = 0,09 \tag{1.3}$$

Der Grenzwert ist somit dauerhaft sicher eingehalten. Eine Kontrollmessung ist nicht erforderlich.

2.1.2.1.4 Lösung Teil d

2.1.2.1.4.1   Rangfolge von Maßnahmen zum Schutz vor Gefahrstoffen:

1. Ersatzstoffe: Der Arbeitgeber muss prüfen, ob die gefährlichen Stoffe nicht durch weniger gefährliche Stoffe ersetzt werden können (§16 Abs.2 GefStoffV)

2. Technische Schutzmaßnahmen: Sind in folgender Rangfolge anzuwenden:

- Geschlossene Anlage (§19 Abs. 1 GefStoffV)
- Absaugung (§19 Abs.2 GefStoffV)
- Lüftungsmaßnahmen (§19 Abs.3 GefStoffV)
- Anpassung an Fortschritt der Sicherheitstechnik (§19 Abs.4 GefStoffV)

3. Persönliche Schutzmaßnahmen: Wenn durch Ersatzstoffe oder durch technische Schutzmaßnahmen eine Einwirkung von Schadstoffen nicht ausgeschlossen werden kann, so müssen geeignete Persönliche Schutzausrüstungen verwendet werden (§19 Abs.5 GefStoffV)

Zum Schutz vor Gefahrstoffen sind möglichst immer Technische- oder Organisatorische Maßnahmen zu treffen, da diese Maßnahmen meist den direkten Kontakt mit den Gefahrstoffen verhindern oder stark einschränken. Die Persönliche Schutzausrüstung als letzte Maßnahme zum Schutz vor Gefahrstoffen setzt ein hohes Maß an Selbstverantwortung des Mitarbeiters voraus. In der Praxis findet die Persönliche Schutzausrüstung meist wenig Akzeptanz, da sie den Mitarbeiter zum Teil im Arbeits- oder Bewegungsablauf stören (z.B. Druckstellen durch die Schutzbrille, Arbeiten mit Schutzmaske bei hohen Temperaturen, vermindertes Greifgefühl durch Handschuhe etc.). Hier muss der Arbeitgeber versuchen durch Aufklärung oder Verbesserung der Schutzausrüstung eine höhere Akzeptanz zu schaffen. Technische- bzw. organisatorische Maßnahmen finden dagegen bessere Akzeptanz beim Mitarbeiter und dieser Schutz kann auch in der Regel nicht „vergessen" werden was bei der Persönlichen Schutzausrüstung jedoch hin und wieder der Fall ist.

2.1.2.2 Lösung Aufgabe 2

2.1.2.2.1 Lösung Teil a

Bewertet man die Messergebnisse gemäß TRGS 402 so ergeben sich für die einzelnen Gefahrstoffe folgende Bewertungsindices (BI) mit entsprechenden Aussagen üb die Gefährdung:

Der BI wird nach Formel 1.0 ermittelt, vorausgesetzt es tritt keine gleichzeitige oder zeitlich aufeinanderfolgende Exposition von Gefahrstoffen an einem Arbeitsplatz auf.

Für die einzelnen Gefahrstoffe ergeben sich somit folgende BI:

Stoff	BI
Toluol	0,52
Benzol	0,25
Bleioxid	0,4
Isocyanat MDI	0,2
Isocyanat HDI	0,2

Tabelle 2   Bewertungsindices der einzelnen Gefahrstoffe.[2]

Daraus ergibt sich folgende Bewertung für die einzelnen Gefahrstoffe:

<u>Toluol:</u> $0,5 < BI < 1$

Für das Toluol bedeutet dies zunächst der Grenzwert ist unterschritten. Da Messungen aber großen Schwankungen unterliegen können, müssen Ergebnisse die relativ dicht am Grenzwert liegen durch mehrere Messungen abgesichert werden. Dies bedeutet für den Bereich $0,5 < BI < 1$ keine dauerhaft gültige Aussage möglich. Daher muss dieser Messwert durch Verwendung eines Kontrollmessplanes (TRGS 402) regelmäßig abgesichert werden. Kontrollmessungen sind für den Messwert des Toluols jeweils nach 16 Wochen erforderlich. Erst wenn die Ergebnisse die betreffenden Grenzen unterschreiten (z.B. $BI < 0,1$), brauchen keine weiteren Maßnahmen (also Messungen) mehr veranlasst werden.

<u>Benzol:</u> $BI \leq 0,25$

Für das Benzol bedeutet dies der Grenzwert ist eingehalten. Voraussetzung ist jedoch das auch die Kurzzeitwertanforderungen erfüllt werden.

Für diesen BI ist ein Kontrollmessplan mit Wiederholungsmessungen im Abstand von 32 Wochen erforderlich.

<u>Bleioxid:</u> $BI < 0,5$

Vorausgesetzt die Kurzzeitwertanforderungen werden erfüllt und der Messwert wurde als geometrischer Mittelwert von 3 Messungen ermittelt, bedeutet dies für das Bleioxid der Grenzwert ist eingehalten. In diesem Fall ist ein Kotrollmessplan mit Wiederholungsmessungen im Abstand von 64 Wochen aufzustellen.

---

[2] Quelle: Eigene Darstellung.

<u>Isocyanate:</u>

Gemäß TRGS 430 ist am Arbeitsplatz die Isocyanat-Gesamtexposition zu ermitteln. Die Befundermittlung erfolgt hier, da es sich bei den vorliegenden Isocyanaten sowohl um Monomere (HDI, HMDI) als auch um ein Polymer (MDI) für Ausschäumarbeiten handelt, gemäß TRGS 430 nach folgender Berechnung:

$$BI_{Isoc.} = I_{Polymere} + I_{Monomere} \qquad (2.1)$$

$$= \frac{c_{Polymere} x APF}{EBW} + \frac{c_{Monomere}}{MAK} = \frac{0,01 x 1}{0,05} + \frac{0,01}{0,05} = 0,4$$

Daraus folgt BI < 0,5

mit:

$BI_{Isoc.}$	= Bewertungsindex für die Isocyanat-Gesamtexposition am Arbeit platz
$I_{Polymere}$	= Schadstoffindex für die polymeren Isocyanate
$I_{Monomere}$	= Schadstoffindex für das monomere Diisocyanat
$c_{Monomere}$	= Ermittelte Konzentration an monomeren Diisocyanat in der Atemluft [mg/m^3]
$c_{Polymere}$	= Ermittelte Konzentration an polymeren Isocyanat in der Atemluft [mg/m^3]
EBW	= Expositionsbeurteilungswert für das auftretende polymere Isocyanat lt. Angabe im Sicherheitsdatenblatt EBW=MAK bei fehlender Angabe
APF	= Aerosolpenetrationsfaktor für das auftretende polymere Isocyanat APF = 1 bei fehlender Angabe des Herstellers bzw. Inverkehrbringers
MAK	= Luftgrenzwert des monomeren Diisocyanats laut TRGS 900

Dies bedeutet für das Isocyanat, dass der Grenzwert eingehalten wird. In diesem Fall ist ein Kontrollmessplan mit Wiederholungsmessungen im Abstand von 64 Wochen aufzustellen. Der Arbeitgeber kann jedoch anstelle von Kontrollmessungen als Kontrollverfahren die Verarbeitungsbedingungen jährlich überprüfen und dokumentieren da $I_{Monomere}$ < 0,25 (TRGS 430 Nr.5 Abs.8)

Für die zuvor aufgeführten Gefahrstoffe gilt:

Ergeben drei Messwerte zu unterschiedlichen Zeitpunkten einen BI zwischen 0,1 und 0,25 oder ist der BI < 0,1 kann aus dem Kontrollmessplan ausgeschieden werden (Die Messwerte sind zu protokollieren). Der Grenzwert gilt in diesen Fällen als dauerhaft sicher eingehalten. Wenn darüber hinaus begründet werden kann, dass verfahrensbedingt auch in Zukunft der Grenzwert nicht überschritten wird (TRGS 402).

Treten die zuvor genannten Gefahrstoffe gleichzeitig oder nacheinander, während einer Schicht in der Luft eines Arbeitsbereiches auf, so ist gemäß TRGS 403 der BI nach Formel 1.1 zu ermitteln und zu bewerten.

Für den dargestellten Fall würde sich somit ein BI von 1,57 ergeben. Der Grenzwert währe gemäß TRGS 403 Nr. 3.2 somit überschritten BI > 1.

In diesem Fall wären Maßnahmen zur Expositionsminderung erforderlich.

2.1.2.2.2 Lösung Teil b

Arbeitsmedizinische Vorsorgeuntersuchungen sind gemäß §28 GefStoffV bei Überschreitung der Auslöseschwelle vorgeschrieben. Im Gas treten die Gefahrstoffe zusammen auf, wobei sich ein I von 1,38 also > 1 ergibt. Daher sind arbeitsmedizinische Vorsorgeuntersuchungen erforderlich.

Für Isocyanate ist eine Pflichtuntersuchung erforderlich, **wenn** die Auslösekriterien gemäß Anlage 8 der TRGS 430 erfüllt werden. Die in der Aufgabe genannten Tätigkeiten fallen unter diesen Auslösekriterien, somit ist eine arbeitsmedizinische Untersuchung bei den Isocyanaten erforderlich.

Beim Bleixoxid ist eine Vorsorgeuntersuchung dann erforderlich, wenn der MAK-Wert oder der BAT-Wert nicht eingehalten werden. Unter der Annahme, dass der BAT-Wert eingehalten wird, ist für das Bleioxid somit keine Vorsorgeuntersuchung erforderlich, da wie der Messwert zeigt ebenfalls der MAK-Wert eingehalten wird.

2.1.2.3 Lösung Aufgabe 3

2.1.2.3.1 Lösung Teil a

Epoxidharze werden wie kein anderes Produkt sehr vielfältig in der Industrie eingesetzt. Die verschiedenen Verwendungsgebiete teilen sich auf in:

- Oberflächenschutz (z.B. Bestandteil vieler Rostschutzanstriche)
- Baugewerbe (z.B. Bestandteil von Bauklebern, Spachtelmassen etc.)
- Elektroindustrie (z.B. Harzplatten für gedruckte Schaltungen etc.)
- Werkzeugharze, Verbundstoffe (z.B. glasfaserverstärkte Harze etc.)
- Automobilindustrie
- Flugzeugbau

- Herstellung von Sportgeräten u.v.m.

Trichlorethylene werden meist für nachfolgende Anwendungen eingesetzt:

- Metallreinigung
- Reinigungs- und Entfettungsmittel (Trieline, Drawinol, Westrosol etc.)
- Als Fettlöser
- Chemische Reinigung von Textilien
- Als Lösemittel beim Färben von Textilien
- Als Extraktionsmittel (für Fette, Coffein etc.) in der Lebensmittelindustrie
- Suspensionsmittel zur Herstellung technischer Keramiken u.v.m.

Für Künstliche Mineralfasern (KMF) gibt es folgende wichtige Anwendungsgebiete:

- Mineralwolle Produkte (z.B. Glaswolle, Steinwolle, Schlackenwolle)
- Keramikfaser Produkte für besondere industrielle Anwendungen (z.B. in Schmelz-, Feuerungs- und Brennöfen, im Brandschutz und in der Kfz- Industrie)
- Endlosfasern (Textilglasfasern für z.B. faserverstärkte Kunststoffe, Wärmeisolierung, hitzebeständige Kleidung, Löschdecken und Dekoration).
- Superfeinfaser (z.B. Glaskeramikfaser oder Glasmikrofaser für Filtermedien oder Luft- und Raumfahrt).

2.1.2.3.2 Lösung Teil b

Gemäß §28 (2) GefStoffV müssen Mitarbeiter einer arbeitsmedizinischen Untersuchung unterzogen werden, wenn am Arbeitsplatz die Auslöseschwelle von bestimmten Gefahrstoffen überschritten wird.

Der Sicherheitsingenieur muss für diesen Arbeitsplatz zuvor eine Arbeitsbereichsanalyse nach TRGS 402 durchführen. Durch die Arbeitsbereichsanalyse wird festgestellt, welche Gefahrstoffe vorhanden sind und es wird die Konzentration der gefährlichen Stoffe in der Luft im Arbeitsbereich ermittelt und bewertet. Diese Erkenntnisse benötigt der Betriebsarzt vor der Untersuchung, damit er weiß, welche Untersuchungen er durchführen und ggf. welche Nachuntersuchungsfristen er festlegen muss.

2.1.2.3.3 Lösung Teil c

Ist der Mitarbeiter an einem Arbeitsplatz beschäftigt, an welchem die Auslöseschwelle überschritten ist, so kann er an diesem Arbeitsplatz nicht mehr weiter
beschäftigt werden. Denn der Arbeitgeber ist dann gemäß ChemG §19 (12) und
GefStoffV §28 (2) verpflichtet den Mitarbeiter untersuchen zu lassen.

Der Mitarbeiter kann dagegen (falls vorhanden) an einem anderen Arbeitsplatz,
bei welchem die Auslöseschwelle unterschritten ist oder keine Gefahrstoffe vorhanden sind beschäftigt werden.

3 Literaturverzeichnis

Engelfried, Justus (2004): Nachhaltiges Umweltmanagement. München: Oldenbourg. Online verfügbar unter http://www.oldenbourg-link.com/doi/book/10.1524/9783486700459.

KKloepfer, Michael (2003): Umweltrecht in Bund und Ländern. Darstellung des deutschen Umweltrechts für die betriebliche Praxis ; insbesondere die Abfallwirtschaft. Berlin: Duncker & Humblot.

Leisten, Rainer; Krcal, Hans-Christian (2003): Nachhaltige Unternehmensführung. Systemperspektiven. Wiesbaden, s.l.: Gabler Verlag. Online verfügbar unter http://dx.doi.org/10.1007/978-3-663-10861-0.

Queitsch, Peter (2002): TA Luft. Technische Anleitung zur Reinhaltung der Luft ; systematische Einführung mit dem Text der TA Luft 2002 ; [vom 24. Juli 2002]. 3. Aufl., Stand: Juli 2002. Köln: Bundesanzeiger Verl.-Ges (Bundesanzeiger /Beilage], 54,223a).

Sparwasser, Reinhard; Engel, Rüdiger; Voßkuhle, Andreas (2003): Umweltrecht. Grundzüge des öffentlichen Umweltschutzrechts. 5., völlig neu bearb. und erw. Aufl. Heidelberg: Müller Verl. Hüthig (C. F. Müller Lehr- und Handbuch).

Vorlesungsunterlagen zum Modul Betrieblicher Arbeits- und Umweltschutz

.

BEI GRIN MACHT SICH IHR WISSEN BEZAHLT

- Wir veröffentlichen Ihre Hausarbeit,
  Bachelor- und Masterarbeit

- Ihr eigenes eBook und Buch -
  weltweit in allen wichtigen Shops

- Verdienen Sie an jedem Verkauf

Jetzt bei www.GRIN.com hochladen
und kostenlos publizieren